マスキングテープの本

マスキングテープとは、
建物や車、家具などを塗装するとき、
塗料がつかないようにおおう（＝masking）
ための紙製テープのこと。

ほとんどのり残りせず、はがしやすく、
簡単に手でちぎれ、表面に文字や絵が書き込めます。
作業のしやすさから考えられたその特徴は、
ふだんの生活の中で使ってもとても便利。

もうひとつの長所は、その色合い。
光に透ける和紙のニュアンスが美しく、
テープどうしが重なり合うと、
思いがけないやわらかな色調が生まれます。

この本は、そんなマスキングテープの
ふだん使いの提案から愛用者の使用例、
テープをいかした創作まで、
その使い方と魅力を一冊にまとめたものです。

ちぎる、はる、重ねる、そして彩る。
働きもので、きれいなテープを
暮らしの中でもっと楽しんでみませんか。

chapter 1 マスキングテープのふだん使い
- 8 はがせる
- 12 文字が書ける
- 16 手でちぎれる
- 20 色がきれい
- 24 マスキングテープの誕生と今
- 26 建築現場では
- 28 日本の主要6社の主力商品
- 30 shop01：ROBA ROBA cafe（東京・経堂）

chapter 2 マスキングテープ、私の使い方
- 32 皆川 明さん
- 38 井上由季子さん
- 44 TRUCK さん
- 50 松尾ミユキさん
- 54 アトリエ・グリズーさん
- 60 マスキングテープのリトルプレスと作品展
- 62 マスキングテープ工場を訪ねました
- 66 shop02：CHARKHA（大阪・北堀江）

chapter 3 マスキングテープをいかした作品
- 68 堀井和子さん
- 70 井上陽子さん
- 72 霜田あゆ美さん
- 74 サブレタープレスさん
- 76 無相創さん
- 78 小山千夏さん
- 80 m&m&m's さん
- 82 水縞さん
- 84 nakaban さん

- 86 おすすめマスキングテープ・カタログ 白〜茶
- 87 黄
- 88 緑
- 89 青
- 90 そのほか
- 91 mt シリーズ
- 92 柄、水縞
- 94 shop03：主な取り扱いショップ
- 95 メーカーリスト

表紙カバー・カード（左ページ）
制作／オギハラナミ

表紙カバー／シーリングマスキングテープNo.252、建築塗装用紙粘着テープNo.720（日東電工）mt 薄縹・萌黄・ハッカ・空・方眼グレー、車両塗装用マスキングテープ カブキS（カモ井加工紙） 車両用マスキングテープNo.241（ニチバン）
カード／建築塗装用紙粘着テープNo.720、建築塗装用マスキングテープNo.720A、躯体シーリング用マスキングテープNo.7286（日東電工） 車両塗装用マスキングテープ カブキS、躯体用シーリングテープNo.3303-HG（カモ井加工紙） 車両用マスキングテープNo.241・No.2312（ニチバン）

○この本は、塗装に使うマスキングテープを、本来とは異なる用途で紹介しています。テープの材質はさまざまありますが、日本発祥の『和紙』製のものを中心にとり上げています。

○マスキングテープは、長時間はるものではなく、使い終わったらすぐにはがせるようにつくられています。はる素材や場所、はっておく期間によっては、テープが劣化したり、のり残りする場合があります。特に、高温多湿な場所、直射日光が当たる場所などに長時間はることは、劣化やのり残りの原因になります。大切な素材に使うことは避けてください。

○テープの粘着剤には「ゴム系」と「アクリル系」の2種類があります。アクリル系のほうが新しい粘着剤で、よりはがしやすく、のり残りしにくいものです。のりのあとで汚したくない場合は、アクリル系のものを選ぶようにしましょう。

chapter 1

マスキングテープの
ふだん使い

はってはがせて、ほとんどのり残りせず、
文字や絵が書けて、手で簡単にちぎれる。
そして和紙の光に透けた色調が繊細で、
重なった部分の色合いがひときわ美しい。
マスキングテープの魅力をいかした、
ふだん使いの方法を提案します。

●はがせる

マスキングテープは、本来、使い終わったらとり除くもの。
ほかのテープよりも粘着力が弱いので、
ほとんどのり残りせず、きれいにはがせるのです。

料理のときに
レシピをはる

料理するときは、雑誌のキリヌキや友人に聞いたレシピを、見やすいところにテープでぺたり。おいしくできたレシピは、テープごとはがしてノートにはれば、自分だけのレシピノートのでき上がりです。

食材の袋に
封をする

キッチンには、使いかけの食材がたくさんあるもの。テープを使えば、簡単に口を閉じることができます。クリップよりも手軽で、ほかのテープよりもはがしやすいので、頻繁に開け閉めするものに最適です。

ポスターをはって壁を飾る

壁に穴をあけず、テープのあとも残さず、お気に入りのポスターやカードなどをはることができます。四すみだけとめたり、縁どるようにしたりと、テープのはり方しだいで、さまざまな表情を楽しめます。

フリマの値づけ

布や紙、木などさまざまな素材にはれてのり残りもないので、フリーマーケットの値づけに最適。価格を書いてはり、売れたらノートにはって整理して。色分けすれば、だれの商品か一目瞭然です。

スケジュール帳
の予定調整

スケジュールをテープに書き込んではっておくと、日程がずれても、はがして移動できるので重宝します。また、行きたいショップのカードや展示会のDM、情報誌のキリヌキなどをはるのにも大活躍。

カレンダーを
家族で色分け

家族で使うカレンダーは、それぞれのテープの色を決め、各自が予定を書いてはっておきましょう。ぱっと見て、家族のスケジュールがすぐにわかります。予定が変わってもはり直せるので便利です。

● 文字が書ける

表面に文字を書き込めるのも、マスキングテープの魅力。
油性ペンや太いボールペン、濃い鉛筆が書きやすくておすすめ。
はってはがせるラベルとして、役立ちます。

クリアファイルを分類する

書類を入れるファイルにテープで表示すれば、中身がひと目でわかり、とても便利です。また、テープの色で分類することもおすすめ。アクリル系粘着剤のテープを使うと、べたつくことがないので安心です。

引き出し収納のラベル表示に

文房具や紙ものや布など、こまかいものを収納する引き出し。どこに何が入っているか、家族みんながわかりやすいよう、テープを使ってラベル表示。中身がかわったら、はがして新しいテープをはればOK。

箱の中身を表示

シンプルなあき箱を収納に使う場合も、テープをラベルがわりに活用しましょう。中身がわかるだけでなく、形や素材の違う箱でも、同系色のテープを使うことで、不思議と統一感が出ます。

パーティー容器の名前づけ

気軽な食事には、紙コップなどを使うこともあります。だれがどの容器を使っているかわかるよう、テープで目印を。子どもたちにはわかりやすく名前を書き、大人は色やテープの本数で区別しても。

保存食の
製造時期を

自家製の果実酒やジャムは、飲みごろや保存期間を忘れないよう、製造年月日を書いてはっておきましょう。また、長期間はっておくときは、べたつかないようにアクリル系粘着剤のテープを使うと安心。

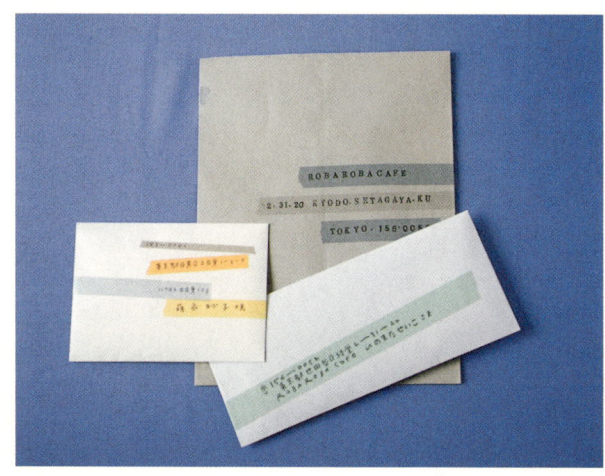

宛て名の
あしらい

無地の封筒に、ただ宛て名を書くだけではそっけないもの。住所や名前をテープに書いてはれば、それだけで手作り感のある郵便物になります。はる位置や色の組み合わせを考えるのも楽しいものです。

● 手でちぎれる

ほかのテープと違って、和紙でできているので、はさみやカッターがなくても手でちぎってすぐに使えます。ちぎった形も、味わいがあっていいものです。

封筒の封

テープを2色使って封どめすれば、雰囲気のある郵便物に。色合わせを考えながら、手でちぎってはって閉じましょう。ちぎったテープとはさみで切ったものを組み合わせても、変化がついておもしろい。

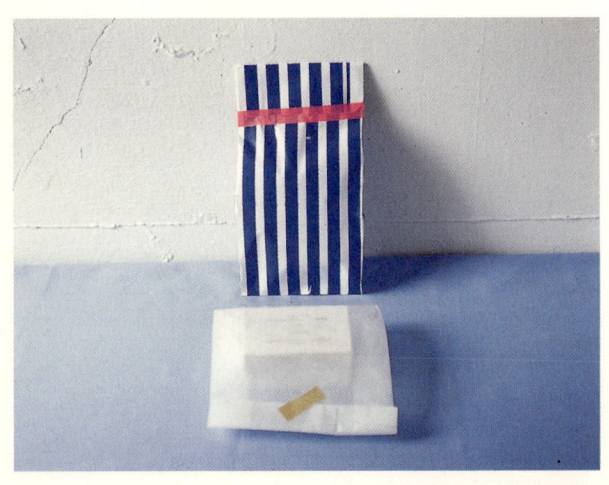

ラッピングの封

ちょっとしたプレゼントには、きれいな色のテープでアクセントを。思い立ったらちぎってはるだけ。すぐにできるラッピングです。同系色でまとめたり、反対色にしたり、送る相手のイメージに合わせて。

おすそ分けの封

おみやげやおすそ分けなどにも重宝します。手でちぎったテープなら、仰々しくならず、そっけなくもならず、ほどよい感じの仕上がりに。テープとともに、楽しい気分もいっしょにおすそ分け。

ピクニックの食べ物の封

お弁当をつくって、ピクニックへ。おかずを入れたパックやサンドイッチの包みものなどは、テープを使ってしっかりとめましょう。あわただしい時間でも、簡単にちぎれるので助かります。

端切れをはって買い物へ

手づくり材料を買いに行くときは、使う布の端切れをノートにはって。糸やボタン、組み合わせる布を買うときに見くらべられます。また、洋服を買った際についてくる端切れをはっておいても便利。

書類封筒の傷みを補強

紙製の書類封筒は、ちょっと口が破けただけで捨てるのはもったいないもの。傷んだところにテープをはれば、補強になります。きれいな色を使うと、"いかにも補強"という感じにならないのもうれしいところ。

●色がきれい

作業後にはがし忘れないよう、もともと目立つ色が多いうえ、最近、きれいな色がますます増えています。
重ねてはると色がまざり合って、さらにニュアンスが出ます。

ブックカバー

書店のブックカバーを裏返して、テープでコラージュすればオリジナルカバーのでき上がり。何色もテープをはり重ねたり、文字を書いたり、はんこを押したり。縁にはれば、補強にもなって頼もしいかぎりです。

小包の
あしらいと封

小包を粘着テープでとめては味気ないもの。テープを何色か組み合わせてはれば、ひと味違った贈りものになります。届いたとき、テープをはがすとき、楽しんで包んだ気持ちが相手にもきっと伝わるはず。

ラベルのコラージュ

なんの変哲もない、無地の荷札。テープをバランスよくはるだけで、目を引くラベルに早変わり。小包の宛て名だけでなく、プレゼントや借りたものを返すときのメッセージカードとしても活躍しそう。

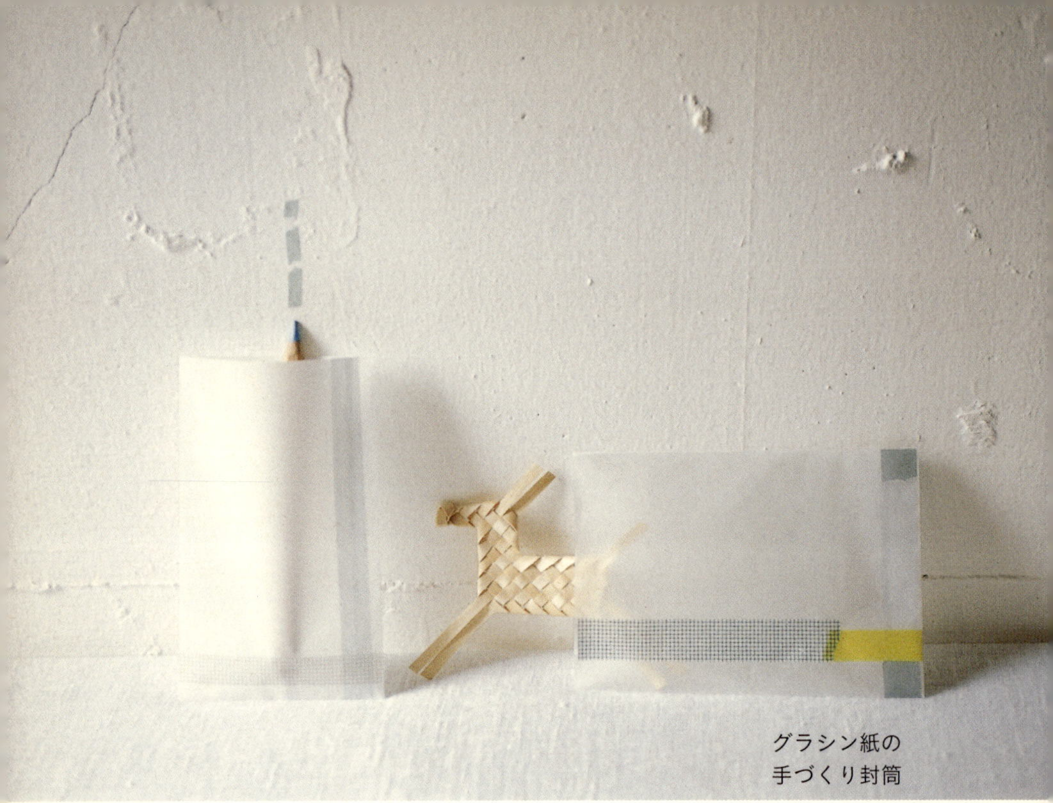

グラシン紙の
手づくり封筒

グラシン紙は光をやわらかく通すので、薄い色のテープは一段と明るく、透明感が増します。また、模様のあるテープもきれいに透けます。色つきのグラシン紙なら、さらに色が重なって思いがけない色調に。

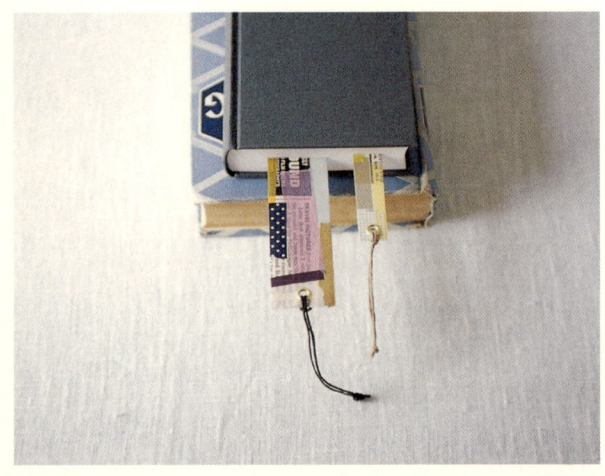

しおりの
コラージュ

厚紙にテープをはってひもを通せば、一枚のすてきなしおりのでき上がり。ページのすき間から、ちょっと飛び出た姿を見るたびに愛着がわきます。物語のつづきとともに、ページを開くのが楽しみになりそう。

手づくりカードと
封筒のセット

ありがとう。おめでとう。
日ごろのそんな気持ちを伝
えるなら、手づくりのカー
ドを。厚紙にテープやきれ
いな紙でコラージュすれば、
特別なものに仕上がります。
封筒にもテープをあしらい、
統一感を出して。

紙袋の
コラージュ

バランスよくコラージュす
るコツは、最初にアクセン
トにしたい色のテープや紙
をはり、それに合わせてほ
かの色のテープを重ねるこ
と。ごくふつうの白い紙袋
が、存在感のあるチャーミ
ングな袋に変身します。

マスキングテープの誕生と今

マスキングテープは、もともと自動車塗装や建築現場用のもの。
職人さんがスムーズに仕事を進められるよう、
はがしやすく、ちぎりやすく、改良されてきたのです。

❶ 1925年、アメリカ3M社生まれ

車体の塗装をよりスムーズに。現場の声から生まれたテープ

　アメリカ3M社の創業は1902年。始まりは、家具などを磨くときに使う、研磨粒子をはりつけた研磨布でした。鉱物を布や紙に貼付する技術が、マスキングテープのもとになったのです。
　テープの開発の始まりは、研磨材の研究をしていたディック・ドゥルーが、自動車工場で塗装作業を見たことがきっかけでした。当時、車体を2色に塗り分ける道具はなく、文具用ののりや外科用の布製テープを使っていたのです。ところが、塗料がはがれたりしみ込んだりと、どちらもきれいに仕上げられません。「もっといいテープをつくろう」と、ドゥルーが中心となり研究・開発が始まりました。

失敗にくじけず、あきらめず。苦労の末に完成させた製品

　そうして3カ月間、粘着剤の配合を研究しつづけ、やっとのり残りせず、きれいにはがせるテープを開発。1925年、世界初のマスキングテープが販売されました。ところが、ドゥルーは満足していなかったのです。このとき使っていたクラフト紙には、車体のカーブにはれる伸縮性がありませんでした。研究をつづけるも、なかなかいい製品ができず、副社長から研磨材の仕事に戻るように言われます。が、あきらめず、こっそり研究をつづけました。
　そんなある日、研磨材に使う紙のチェックでクレープ紙を見つけます。伸縮性も十分、粘着剤にも対応しやすい素材でした。すぐにクレープ紙に合う粘着剤を開発。試作をくり返して、満足のいく製品が完成しました。
　その後、1990年には日本で和紙のマスキングテープを製造開始。品質が認められ、今では輸出されています。

開発者のディック・ドゥルー。マスキングテープのほか、セロハンテープも発明した。左上は当時のクレープ紙製マスキングテープ。

上／1920年代、ツートンカラーの自動車が流行。車体を2色に塗り分け、境界線をくっきりさせることが求められた。3M社のマスキングテープが多用され、ほかの塗装現場にも広まっていった。下左／創業当時のミネソタ州の工場。下右／事業の将来性を紹介するために招待された株主たち。

建築現場では

建築現場で使い方を見学。外壁のすき間をうめ、防水するための「シーリング」という作業。

職人さんの腰にある道具袋には、シーリング用テープがどっさり。すぐ手にとって作業できる。

換気口と外壁のすき間をうめる作業。緑は外壁用、青はサッシや換気口用と色により用途が違う。

シーリングのやり方

窓枠と外壁のすき間をうめる。外壁、サッシにテープをはってシーリング剤がつかないように保護。

すき間にシーリング剤を入れ、パテで表面をならす。テープの上にはみ出ているのがわかる。

かたまる前にテープをはがす。外壁やサッシにシーリング剤がつかず、すき間がうまっている。

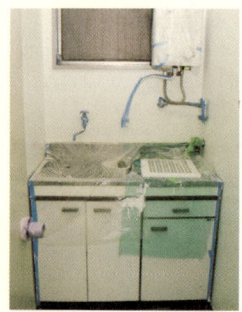
リフォームの現場では、壁をペイント中。キッチンのシンク全体をビニールでおおい、テープで固定する。

消火栓の塗りかえ。白い壁にペンキがはみ出ないよう、テープでしっかり保護している。

ペンキ缶にも使用。乾燥防止のビニールをとめたり、どこに塗るものか書き込んではっている。

2 和紙製は日本ならではのもの

**相反する機能を実現した
日本独自の和紙製テープ**

　3M社の発明とは別に、日本では和紙製テープの開発が進んでいました。用途は、塗装の「マスキング」ではなく、絆創膏（ばんそうこう）が主流。最も古い記録は、1918年の日進工業合資会社による紙絆創膏と紙テープの登録です。そして1938年に、日本粘着テープ工業が塗装用・火薬包装用として、紙マスキングテープの生産を開始。日本のマスキングテープは最初から和紙製でした。

　和紙のよさは、薄いこと。クレープ紙はちぢれ加工によって厚いのですが、薄い和紙なら塗料との段差がほとんど出ません。また、手でちぎるのも簡単。一方、切れずに一気にはがせる強度も保っています。手切れ性が高くても、はがすときは切れない。粘着力があっても、きれいにはがれてのり残りがない。相反する機能を実現するために、和紙は最適な材料だったのです。

　現在、日東電工や住友スリーエム、カモ井加工紙ほかで製造・販売。日東は建築の内外装用、住友スリーエムは本社の流れから車両塗装用、カモ井はシーリング用と、それぞれに強い分野があります。また、世界的にも日本の和紙製テープは品質が高く、アジアやヨーロッパ、テープが生まれたアメリカへの輸出が増えています。

3 どんどん広まるマスキングテープ

**専門的な用途にとらわれず、
自由に楽しく使われ始めている**

　マスキングテープは、ホームセンターや塗装品店など専門店で職人さん向けに販売されてきました。しかし、その便利さから、専門的な用途に限らず、自由に使われるようになってきたのです。雑貨店ではラッピングに、作家がコラージュで使ったり、ロゴ入りテープをつくる店も増え、より身近な存在に。ふだんの生活に楽しめるようにと、カラフルなテープも開発されました。東急ハンズやロフト、雑貨店や文具店などでも販売され、気軽に手に入るようになってきています。

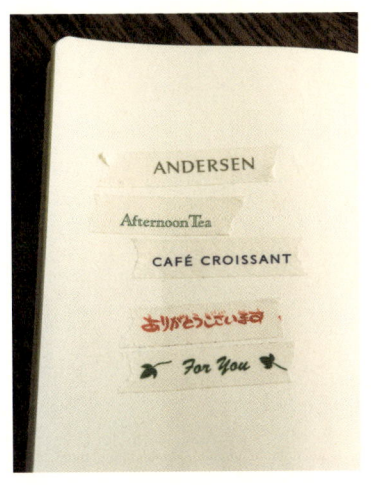

店名を入れたオリジナルや、文字を印刷したテープなど。模様入りのテープも増えている。

日本のマスキングテープ主要6社の主力商品

住友スリーエム
本国・創業 1902年／マスキングテープ発売 1925年～

3M社と住友電気工業などとの合弁により、1960年に設立。「ポスト・イット」や「スコッチ」などのブランドをはじめ、3万種類を超える製品を提供している。1990年からは日本で和紙粘着テープを開発、今では輸出するまでに。

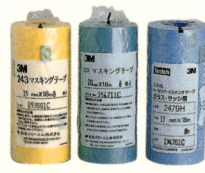

左から、243マスキングテープ（黄）、343マスキングテープ（緑）、スコッチ シーリング・マスキングテープ ガラス・サッシ用2479H（青）

日東電工
創業 1918年／マスキングテープ発売 1962年～

国産初の電気絶縁メーカーとして創業以来、高分子合成技術と粘着加工技術をベースに製品を開発してきた。紙粘着テープでは、職人さんの間で"ななにいまる"という愛称で親しまれている、建築塗装用テープNo.720が特に有名。

左から、建築塗装用紙粘着テープNo.720（白）、建築塗装用マスキングテープNo.720A（紫）、車両塗装用マスキングテープNo.7239（黄）

カモ井加工紙
創業 1923年／マスキングテープ発売 1962年～

ハイトリ紙からスタートし、粘着技術をいかして1962年に和紙粘着テープを発売。1981年発売のシーリングテープNo.3303は高い性能が評価され、人気商品に。2007年にはmtシリーズを発売、マスキングテープ業界を牽引している。

左から、車両塗装用マスキングテープ カブキS（黄）、シーリングテープ 粗面サイディングボード用SB-246S（緑）、シーリングテープ 躯体用3303-HG（青）

ニチバン

創業1918年／マスキングテープ発売1950年〜

止血絆や絆創膏などのメディカル分野をはじめ、セロハン粘着テープ〔登録商標「セロテープ」〕や包装用テープ、最近ではテープ結束機の製造元として有名。マスキングテープも車両用、シーリング用、内装用と充実している。

左から、車両用マスキングテープNo.2311（黄）、車両用マスキングテープNo.2312（緑）、躯体用シーリング・マスキングテープNo.2561（青）

ニトムズ

設立1975年／マスキングテープ発売2000年〜

日東電工内の消費財開発プロジェクトチームが発展し、新会社として独立。粘着テープをヒントに掃除グッズ「コロコロ」がヒット商品に。マスキングテープは「PROSELF（プロセルフ）」ブランドでホームセンターを中心に展開。

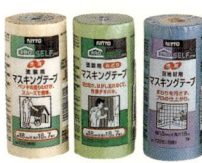

左から、塗装用マスキングテープNo.720徳用（白）、塗装用マスキングテープNo.720みどり、目地材用マスキングテープNo.7286徳用（青）

積水化学工業 **SEKISUI**

創業1947年／マスキングテープ発売1975年〜

高機能プラスチックや住宅、環境を配慮した製品をはじめ、幅広い分野で高品質な製品を開発。テープ分野でもクラフトテープは業界No.1シェアを誇る。マスキングテープは建築、包装、シーリング用などホームセンターの定番。

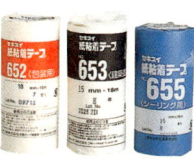

左から、包装用紙粘着テープNo.652（白）、建築塗装用紙粘着テープNo.653（白）、シーリング用紙粘着テープNo.655（青）

※登録商標は「　」で表示、®は表記していません。

shop 01 : ROBA ROBA cafe

ロバロバカフェ（東京・経堂）

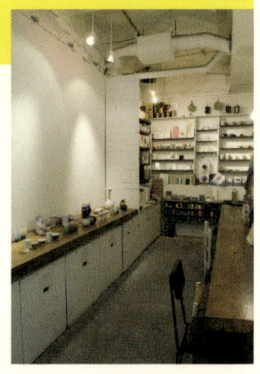

　日本一といっていいほど、さまざまな色のマスキングテープが並ぶロバロバカフェ。「メーカーも用途もいろいろで、とにかくきれいだなと思う色を売っています」と店主のいのまたせいこさん。マスキングテープのリトルプレス（60〜61ページ）を出版したり、イベントを行ったり新色を考えたりも。
　ホームセンターや塗装品店を何軒もまわって調べただけあり、ちぎりやすいもの、表面に書き込みやすいものなど、特徴を教えてくれます。専門店に行かずとも、充実の品ぞろえなのです。

　カフェスペースの奥にある棚には、色とりどりのテープがずらり。mtシリーズ〈カモ井加工紙〉をはじめ、バック販売の業務用も1個から購入できる。店内では壁にDMをはるときや発送の封どめ、メニューがわりの紙袋のコラージュなどに使用。また、リトルプレスも充実。

東京都世田谷区経堂
2-31-20
tel.03-3706-7917
㊀13時〜21時（日曜と展示最終日は〜19時）
㊡木・金曜
http://www15.ocn.ne.jp/~robaroba/

chapter 2

マスキングテープ、
私の使い方

デザインの素材やお絵描きの道具、
陶器の絵つけや家具の塗装、
ラッピングやリサイクル工作など──、
仕事や創作で、ふだんの生活で、
マスキングテープをあたりまえのように
使ってきた人ならではの実例集です。

学生のころからマスキングテープが好きだというデザイナー・田中景子さんが、皆川さんとともに考えたデザイン。バランスを見ながらマスキングテープをはって原版をつくった。

皆川 明さん

テキスタイルにも、子どもの遊びにも、
彩りやアイディアを与えてくれる

型にもプリントにもこだわってつくった生地

色鮮やかなスカートは、2004年の春夏コレクションのもの。マスキングテープ独特のざらりとした和紙の素材感に近づけるために、しゃりしゃりとした手ざわりの薄い生地を選んでいる。

　ミナ ペルホネンには、真っ青なマスキングテープを格子状にはった模様のテキスタイルがあります。その名もsticky＝"ぺたぺた"。
「型をつくる職人さんには、テープのちぎった感じをこまかく再現してもらいました。プリントするときも、色の重なりや透けた感じを表現するようにお願いしたんです」と皆川さん。手でちぎってはったときに、無作為に生まれる表情。sticky には、そんなテープのディテールが見事に表れています。
　そしてまた、皆川さんだけでなく、3人のお子さんもマスキングテープを自在に扱って創作する"小さなアーティスト"。子ども部屋の壁にテープを"ぺたぺた"はって、お絵描きを楽しんでいます。好きな色を好きな長さにちぎり、つなげて描いた動物や文字。単なる塗装用の道具であったテープを、皆川さんとお子さんたちは、枠にとらわれることなく自由に、表現のツールとして使っているのです。

左上／青いマスキングテープを、一片一片手でちぎってはって仕上げた原版。ちぎったテープは、ひとつとして同じものはない。「重なると色が濃くなってニュアンスが出るので、わざと重ねてはったところもあります」と田中さん。
左下／淡いグレーにプリントした色違いも。

東京・白金台のショップ近くにあるアトリエ。マンションの最上階で、眼下には一面緑が広がっている。壁や窓には、大事な仕事のメモや手紙、お子さんの絵などがマスキングテープでとめられ、すぐ目に入るように。画用紙に鉛筆で描かれたラフコンテが、むぞうさにはったテープとよく似合っている。

みながわ・あきら
ファッションデザイナー。1995年にブランド「minä」を設立。2000年にショップオープン、03年にブランド名を「minä perhonen」に改める。物語を感じさせるオリジナル生地の洋服や小物が人気。
http://www.mina-perhonen.jp

アトリエではメモやデザイン画をぺたり

カラフルにのびのびと
絵が描ける子ども部屋

ペンだと消せないが、テープならいくらはってもはがせるので、好きなものを好きなように描くことができる。長女と次女は絵や文字をのびのびと。三女はまだ絵は描けないものの、ちぎってはりつける作業そのものがとても楽しい様子。

子ども部屋の入り口には、長女作のはり紙が。「この先は森の中です」とかわいらしいせりふが書かれ、淡い緑のテープで縁どられている。

長女作のきつね。目の部分は小さくちぎったテープを重ねてはって、上手に表現している。しっぽの愛らしい模様も、すべてテープ。

長女作の鹿にのっているのは、次女作のかもめ。次女はさらに「『かもめ』の『か』だよ」と何色も使って大きな「か」を制作。

扉2枚を使って、大胆に描かれた木。これは皆川さん作。「パパ、すごいんだよー」。3姉妹がニコニコと自慢げに話していたのが印象的だった。

薄い色のテープなら、
光をほんのりやわらかく通す

旅の思い出などをグラシン紙の袋に入れ、薄いグレーのマスキングテープで窓にぺたり。「左は木曽に行ったときに拾ったどんぐり、右上はフウセンカズラの種。その下はハーブのマジョラム。スウェーデンに旅行に行ったとき、スープにのっていたのをもらってきたんです」。グラシン紙に入れると、光に透けてシルエットがやさしく目にうつる。

井上由季子さん

透ける、ちぎれる、模様が描ける。
好きな要素がたっぷりとつまったテープ

ラッピングにはメッセージを書き込んで

「ラッピングでメッセージを書くときは、濃い鉛筆でラフな感じに書くのが好きです」と井上さん。左はカッティングボードにはって書いてから、はがして箱にはり直したもの。右のふたつはラッピングしてから直接書き込んでいる。

ちぎって重ねて縞模様に

上／白い和紙の表面に色を印刷したマスキングテープの場合、「ちぎると白い部分が見えて、そのニュアンスがすごくきれいだと思うんです」と井上さん。下／封筒やはがきにはった縞模様は、縦にちぎったテープをカッティングボードの上でストライプ状にはり合わせ、四角や丸に切り抜いたもの。「ちぎっただけだとラフすぎるから、輪郭はカッターで直線的なラインに仕上げました」。

「学生のころから使っているから、もう20年以上になるのね」

マスキングテープの使用歴を聞くと、そう言いながら井上さんは笑います。

「陶器の絵つけのとき、釉薬がのらないようにちゃんと保護してくれる。模様をつけるのにとても便利なんです。それに透ける感じも好きだし、表面に絵や文字が書けるのもおもしろい。はがせるし、ちぎり目もいいのよね」

最初は、絵を描いたり塗装したりするときだけに使う道具でしたが、今では陶器の絵つけやはがきのアクセント、壁や窓にはったり、プレゼントのラッピングにと幅広く活躍しています。

さらに「展示とかでちょっと使ったものは、また壁や窓にはれるかもなって思うと、捨てられなくって」とも。井上さんのテープ使用歴は、ますます長くなっていきそうです。

テープを水引のように使って

「箱って裏返して見たことある?」と井上さん。底の部分がシンプルできれいな箱を見つけたら、裏側を表に見立てて、テープと白くて丸い補強シールで水引風に。

はり方ひとつで印象が変わる

画用紙やボール紙などをカットし、テープをはってつくったラベル。重ね方を変えてはったり、わざとシワを寄せてみたり。それだけで、こんなにさまざまな表情が生まれる。

陶器の絵つけには欠かせない存在

いびつな丸みや、すっきりとしたラインが印象的な陶器。釉薬がつかないようにテープで保護して、それぞれの模様をつくっている。太いテープにペンで絵柄を描き込み、カッターで切りとって、一枚一枚はっていくのだそう。

テープは箱にまとめて。左は〈ニチバン〉や〈住友スリーエム〉など昔からよく使っているもの。右は〈カモ井加工紙〉のmtシリーズ。「透けるのが好きなので、淡いブルーやグレーをよく使います」。

Seiken工作所がつくった形に井上さんが絵つけしたキャンドルホルダー。「きりりとした直線を描きたいときには、テープを使います」。

2004年、テキスタイルデザイナー・脇阪克二さんから窯を継いだ。脇阪さんの代表作の家のオブジェを教わったときも、テープを使って縞模様をつくった。

手のひらにのるほど小さな器とピンクッション。黒い丸や幅の広いグレーの模様はテープを使って絵つけした。細い線は絵の具にひたした糸でつけたそう。

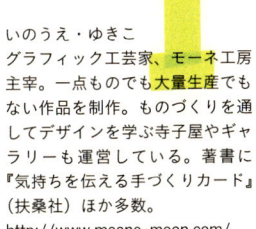

いのうえ・ゆきこ
グラフィック工芸家、モーネ工房主宰。一点ものでも大量生産でもない作品を制作。ものづくりを通してデザインを学ぶ寺子屋やギャラリーも運営している。著書に『気持ちを伝える手づくりカード』(扶桑社)ほか多数。
http://www.maane-moon.com/

ビルの3階にある「AREA2」へは、1階入り口から階段を上り、2階にある工場を通る。搬入の関係でそうなったが、家具を作る職人さんの姿や工程がかいま見られるのは、お客さんにもうれしいところ。

TRUCK さん

ペンキやオイルを塗り分けるときにはる。
あたりまえのように、いつも身近にある道具

工具コーナーの壁には、〈住友スリーエム〉の黄色いマスキングテープも並んでいる。「これがいちばん使いやすいから、箱買いしています」と黄瀬さん。注文票を壁にはったり、塗装の色を書き込んで板にはったりもしている。

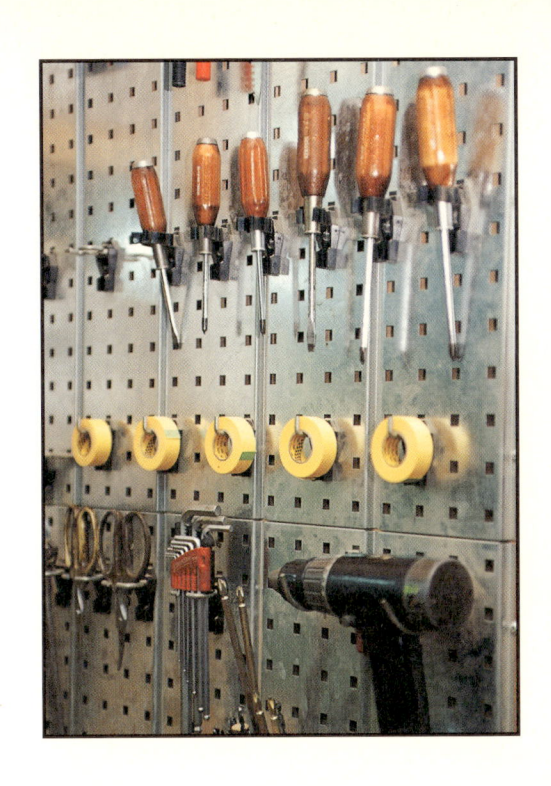

家具づくりの現場で使われるテープ

→ 引き出しの前面の板にオイルを塗るときは、奥との境目をテープで保護。定規でなでながらはり、きちんと密着させている。

→ ひとつひとつ、刷毛で塗っていく。「オイルは、木の表面の保護になります。木肌をいかした自然な仕上がりにもなる」と黄瀬さん。

塗り終わったら、テープをはがしてでき上がり。塗った部分と保護した木肌との境目（仕上がり線）が、くっきりついている。

「9年前かな。家具に使っている木の立ち姿を実際に見たことないなと思って。アメリカに行って、いろんな木を見て葉っぱをとってきました」と黄瀬さん。唐津さんが紙にテープではり、アッシュやオークなど、それぞれの木材でつくったフレームにおさめた。

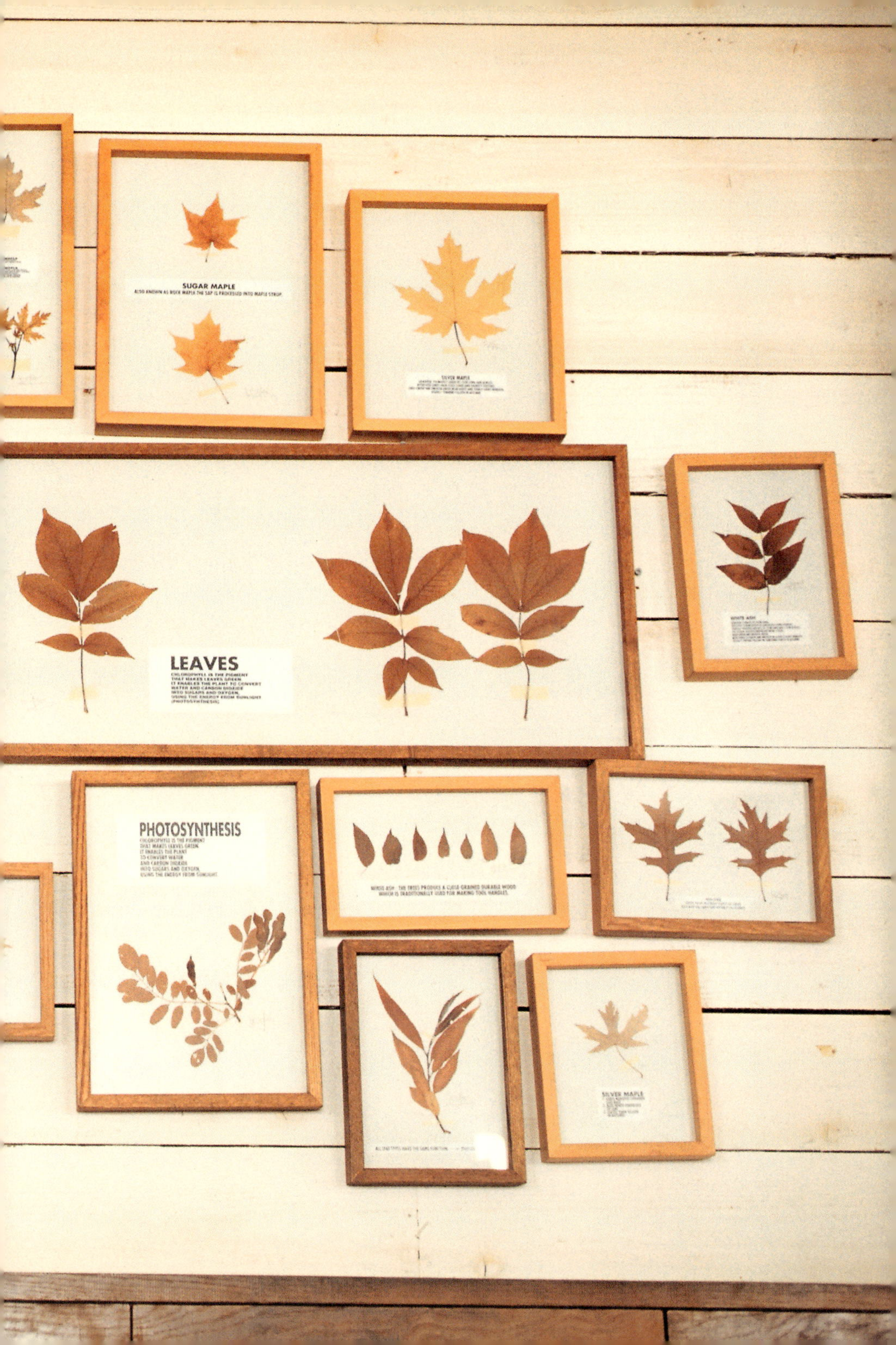
SUGAR MAPLE
LEAVES
PHOTOSYNTHESIS
SILVER MAPLE

どうすれば使いやすいか。長くつき合っていけるか。使い手の立場でとことん考え、細部にまでこだわって形にしているTRUCKの家具。製作過程で、必ずといっていいほど手にするのが、マスキングテープです。
「家具にオイルを塗るとき、塗料をつけたくない部分をおおうためにはるもの。家具製作を始めたころから、ずっと使っています」と黄瀬さん。作業のなかであたりまえに使うものとして、テープは存在します。「何かをはりつけるときも、さっとちぎれて便利。この壁の、フレームに飾った葉っぱもそう」と唐津さんも言います。
TRUCKにとってマスキングテープは、かわいい、きれい、という以前に、使いやすくて身近な道具なのです。そしてそれは、彼らの商品にも通ずること。きちんとつくって、きちんと使ってもらう。そんな家具が生み出される場所に、テープはいつもあります。

とらっく
黄瀬徳彦さんと唐津裕美さんが、1997年、大阪にオリジナル家具を製造・販売する店「TRUCK」を、99年に「AREA2」をオープン。飾らず、気どらず、長く使える家具をつくりつづけている。
http://www.truck-furniture.co.jp

左／旅行に持参する道具箱。中には筆記道具やマスキングテープ、はさみなどが。左下／10年以上前から、旅行には無地のノートを持っていくという唐津さん。レシートやショップカードなどをテープではり、いろいろ書き込んで旅行日記にしている。右下／現地で採集した植物をはさみ、テープで固定したノートも作成。

唐津さんが妹さんとともに革小物を製作・販売する「シロクマ舎」のアトリエ。白いテープでロゴマークをはった古い黒板は、展示会で使ったもの。

このアトリエを改装しているときに、黄瀬さんが撮影した写真。壁がコンクリートで何もさせないため、テープではっている。

コンクリートの壁、黒板、木、なんにでもはれるテープが活躍

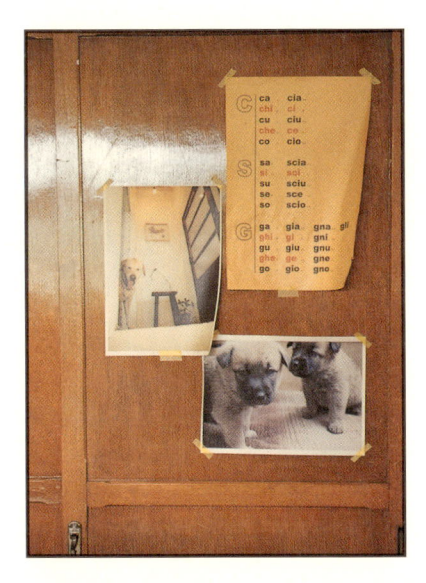

収納棚の扉には、看板犬バディの写真やイタリア語の発音表が。「ただはっただけやのにいいんかな」と唐津さん。無作為に使えるのがテープのよさ。

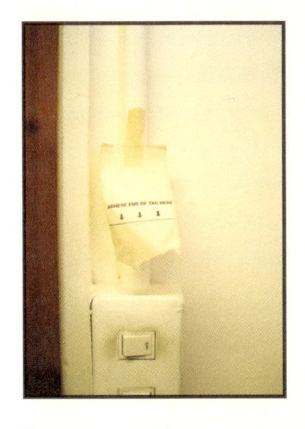

「こんなとこにも使ってたんやね。忘れとった」と言うほど空間になじんでいるテープ。矢印が印刷された紙を、スイッチの上にぺたり。

左／仕事部屋にある引き出し棚の上に積んだテープ。あめ色に使い込まれた家具や古びた雑貨のなかで、いいアクセントになっている。上／納品するイラストの上にトレーシングペーパーをはって保護するとき、マスキングテープを使えば、イラストを傷つけることなく、きれいにはがせるので安心。

松尾ミユキさん

コラージュやラッピングでは、
色の重なりや素材のニュアンスを大切に

小さな木片にテープでコラージュ

「目的があってつくったものじゃないんだけれど……」と見せてくれたのが、小さな木片にコラージュしたもの。ホームセンターで買った端材に、日に焼けた紙やマスキングテープをはっている。

画用紙にコラージュして
カードを手づくり

古い楽譜や手芸本の一部とマスキングテープでコラージュ。「色の組み合わせや配置はなんとなく決めてつくり始めますが、いざはってみると予想してなかった重なりができることもあって、おもしろいんです」。

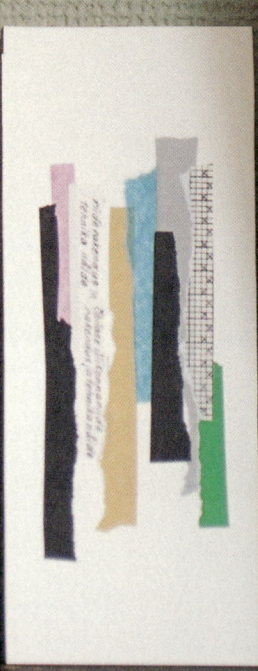

まつお・みゆき
イラストレーター。落ち着いた色のイラストや、古びた素材を使ったコラージュが人気。ユニット「les deux（レ ドゥ）」を組み、ミニコミ誌や雑貨の制作ほか、著書に『東京旅行』(mille books) など。
http://www.matsuomiyuki.com/

日に焼けて古びた紙や包装紙と、きれいな色のマスキングテープや折り紙。松尾さんがつくるコラージュには、そんな素材がたくさん使われています。
「マスキングテープを使うと、はった下地が透けて、ニュアンスが出るんです。ちぎるとかしこまった感じにならず、古い素材にもなじみやすいし」
　また、松尾さんがテープを手にするのは、作品制作時だけではありません。イラストを保護する紙をはったり、ラッピングにちょこっとあしらったり。
「ほんとによく使うから、しまい込まず積みっぱなしになっています。でも、その姿もなんかいいなと思って」
　ぽんと積んでおく。さっとはる。少々むぞうさに扱っても様になるのが、マスキングテープのいいところなのです。

クロスの模様づけにも

自作したキッチンクロスとテーブルクロス。テープでマスキングしてからペイントし、縞模様をつくった。「きれいな直線が出したかったから、テープを使いました」。

鮮やかな色でラッピング

ちょっとしたプレゼントやおすそ分けの包装にも活用している。派手な色のテープをちょこんとはって、ポイントに。包装紙との色の組み合わせを考えるのも、楽しい時間。

子どもが描いた絵を
テープで縁どり

画用紙に描いた絵に合わせてアクリル板をカット。絵の上にアクリル板をのせ、マスキングテープで縁どりをするようにはり合わせる。一枚の立派な作品のでき上がり。

大きなダイニングテーブルで、真剣に絵を描いている息子の海くんと友だちの唄ちゃん。となりでは、グリさん（グレゴワールさんの愛称）と千寿さんがサイズを測ったり、フレームに仕立てたりしている。

アトリエ・グリズーさん

ビビッドな色のテープを使えば、
廃材がフレームや将棋盤に早変わり

子ども部屋には絵がずらり

海くんの机の前には、テープでフレーミングした絵が並んでいる。
使っているテープは、和紙よりも強度があり透けないクレープ紙
製の〈水縞〉(93ページ)のもの。濃い色が多く、とても鮮やか。

あき箱とアクリル板で
つくった標本箱

飼っていたザリガニの抜け殻やカブトムシを標本に。あき箱に合わせてアクリル板をカットし、両端をテープではり合わせてつくった。中のラベルもグリさんの手づくり。

「仕事で使った素材がよく余るんです。捨てるのはもったいないなと思っていたら、グリがマスキングテープを使っていろいろつくってくれて」と千寿さん。ボール紙をはり合わせて箱に仕立てたり、展示パネルで将棋盤をつくったり、レシートを束ねてメモ帳にしたり。いちばんよくつくるのは、ビビッドカラーのフレーム。息子の海くんが描いた絵に合わせて、不用なアクリル板を四角くカットし、マスキングテープで縁どるようにはったものです。

　不用品として捨てられる素材が、グリさんの手にかかると、たちまち実用品に変身します。それはこのテープを使うからできることだと言います。

「色がきれい。つくって楽しい。でき上がりも楽しい感じです。失敗したら、はがせばいいでしょ。すごくいいテープだと思います」と慣れない日本語でひと言ひと言を大切に、テープのよさを伝えてくれました。

A
あとりえ・ぐりずー
フランス人のグレゴワール・ダンタンさんと小野千寿さんの夫婦によるデザインユニット。展示企画、イラスト、デザインなどの分野で活動中。人とモノの関係をテーマにした展示を無印良品 ATELIER MUJI(東京・有楽町)で定期的に行う。

旅の思い出をノートにはり込んで

旅行にはそれぞれ1冊ノートを持っていき、いろいろ書きとめているグリさんと千寿さん。形のきれいな葉っぱを拾ったときは、白いテープではっておくのだそう。

右／押し入れをベッドがわりに使っている海くん。奥の壁には、お気に入りのアニメのキリヌキなどをテープで飾っている。下／ベーゴマが入っている箱は、不用なボール紙をテープではり合わせて制作したもの。サイズに合わせてつくったので、ぴったりおさまっている。左にある小さな箱に入っていたのは、なんと海くんの抜けた歯！

素材をむだにせずにテープで再利用

展示に使った板を将棋盤に

将棋の駒はあるものの盤がないからと、展示のパネルを代用。「裏のイラストを隠すために厚紙をはりたかったし、板の切り口も隠したくて、テープで縁どりしました」。

メモ帳の正体はレシート

たまってしまったレシートを、ホチキスで束ねてメモ帳に。それだけではそっけないので、針を隠すようにテープをはってある。すぐにまねできる簡単なエコ・アイディア。

マスキングテープのリトルプレスと作品展

デザイナー・辻本歩さん、コラージュ作家・オギハラナミさん、ギャラリーカフェ店主・いのまたせいこさん。マスキングテープにいち早く注目し、活動してきた3人に話を聞きました。

もともとテープ好きだった3人が集まったことが始まりだった

オギハラ きっかけは、辻本さんのリトルプレス（1）でした。文通の企画があって、封筒に古くて白いマスキングテープをはって渡したんです。
辻本 私も学生のころや仕事でテープを使ったことがあったから、あ、オギハラさんも好きなんだなと気づいて。
いのまた 私は店（以下ロバロバ）でよく使っていたんです。包装したり、壁にDMをはったり。
辻本 みんなでテープの話をするようになったのと、ロバロバでのリトルプレス展が重なって、それならマスキングテープの本を3人でつくろう、と。

とにかくテープについて研究した1冊めのリトルプレス

オギハラ 辻本さんはいろんなメーカーからテープをとり寄せては、色はもちろん、どのテープにどんな筆記具が書きやすいかとか、いちばんのめり込んで研究してたよね。いのまたさんはテープの使い方を考えてくれたり。
辻本 コラージュ作品はオギハラさんにつくってもらいました。このページにこういうのを入れたいからつくってって。
いのまた 色見本のページには、ひとつひとつ本物のテープをはり込んだから、製本作業が徹夜になっちゃって、つらかったですね（笑）。

① リトルプレス『#03 まいにちこんな手紙が来たら。』

辻本さんは「BOOKLET」という名前で小冊子を発行。2005年に出した3冊めは手紙特集で、古い切手や消印、文通について紹介。右ページがオギハラさんからの手紙。日に焼けて味の出た白いテープがはってあるのがわかる。

② リトルプレス『Masking Tape Guide Book』

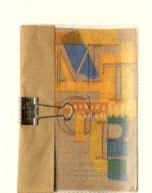

2006年4月、ロバロバカフェでのリトルプレス展で販売したマスキングテープについての本。色紹介のページには、実際に23色のテープがはり込まれている。どんな筆記用具が書き込みやすいかなど、とことん調べてまとめた。

辻本さんがDICで提案した色み展開の案を元に、3人で補正して2007年11月に発売された〈カモ井加工紙〉のmtシリーズ。色名はいのまたさんが考え、パッケージは辻本さんがデザインした。

リトルプレスや展示が、テープメーカーを動かすことに

辻本 作家さんにテープを使った作品をお願いしたいし、工場見学も行きたい、違う色もほしいって話していたけど、1冊めには間に合わなくて。
いのまた それならロバロバでマスキングテープを使った作品展をしようと。
辻本 それに合わせて作品紹介と工場見学を2冊(3)にまとめることにしたんです。カモ井加工紙(以下カモ井)にメールを送って、さらに手紙と1冊めを送って。とにかくテープが好きなので見学させてくださいと伝えました。
オギハラ あやしまれながらも(笑)、見学させてもらえたんです。裁断前のロール状のテープが並んでいるのがすごくきれいで、興奮しっぱなしでした。
いのまた その時、ダメもとでオリジナルの色のテープをつくりたいと切り出したんです。でも、個人の店で発注できるような量や費用でなくて……。
辻本 がっかりしていたら、カモ井さんから「新色テープを20色くらい開発しようと思うのですが、どんな色がいいですか」とオファーがきて。3人で考えて、DICで色出しして試作したのが、mtシリーズになったんです。
オギハラ 作品展ではすてきな作品がたくさん集まって、ほんと楽しかった。
辻本 しんどいこともあったけど(笑)、テープ好きの3人が集まったから、ここまでできたんだと思います。

③ リトルプレス『Masking Tape Picture Book』

2006年12月、1冊めでできなかったことをやろうと製作した2冊め。作家さんとのやりとりや工場見学を紹介したものと、作品を紹介したものの2冊セット。身近な使用例を73通り集めて掲載したページもあり、見ごたえたっぷり。

④ マスキングテープを使った作品展

ロバロバカフェでは、作家さんによるテープを使った作品展示のほか、リトルプレスの販売、いろんなメーカーのテープをパッケージして販売。2007年1月から金沢、大阪、倉敷と巡回、人気のあまり名古屋や原宿の展示も追加された。

※紹介したリトルプレスはすべて売り切れです。

マスキングテープ工場を訪ねました

和紙の特性をいかした、働きもののマスキングテープ。
一体、どんなところで、どのようにしてつくられているのか。
岡山・倉敷にある〈カモ井加工紙〉の工場を取材しました。

ハイトリ紙の技術がテープへ。
「粘着力には自信があります」

　mtシリーズなど新色テープをはじめ、35種類以上の業務用マスキングテープを開発・販売している〈カモ井加工紙〉。紙テープに粘着剤をつけたハイトリ紙で、1923年に創業した会社です。
　「粘着剤についてはとことん研究しています」と常務の谷口幸生さん。現場に何度も足を運んで職人さんの生の声を聞き、使いがってを考えてテープを開発・改良してきました。岡山・倉敷市郊外の工場で、紙からテープになるまでの工程を見せてもらいました。

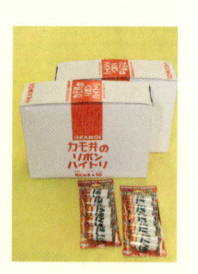

左上／工場内には、昔の看板や古い写真を展示する資料室もある。上／薬剤を散布しないことから、今また人気の「ハイトリ紙」。岡山弁でハエのことをハイという。左下／1964年ごろ発売のレトロなパッケージのテープ。

「マスキングテープ」ができるまで

① 粘着のりをつくる

天然のゴムや合成ゴムなど4種類をまぜてつくる。「この配合こそが粘着の秘密です」。

→

かたくなったゴムを、5mmの薄さまでつぶして繊維をこわし、溶剤にとけやすくする。

→

ゴムと樹脂をまぜてゴム系粘着液に。粘着剤にはゴム系のほかにアクリル系がある。

② 粘着のりをつけて巻く

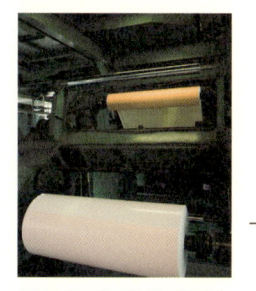

製紙工場で特別生産の和紙は、1ロール2km。粘着剤がつきやすいよう、アンカー剤をつける。

→

アンカー剤を温風で乾かしたら、ゴム系やアクリル系の粘着剤をつけ、さらに乾かす。

→

ロール状にしてもはがしやすいよう、表面に剥離（はくり）剤をつけ、乾かして巻いていく。

③ カットして梱包する

原紙に粘着剤や剥離剤がついたら、1本18mずつ巻いてロール状にする。

→

機械で、テープの幅に裁断。試作品の場合は手切りすることもある（64ページ左下）。

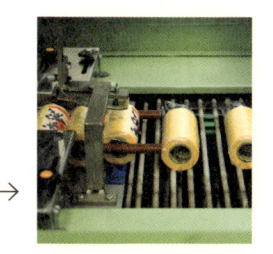

→

ひとつひとつ目で確かめ、不備がないかチェックされたあと、何巻かまとめて梱包。

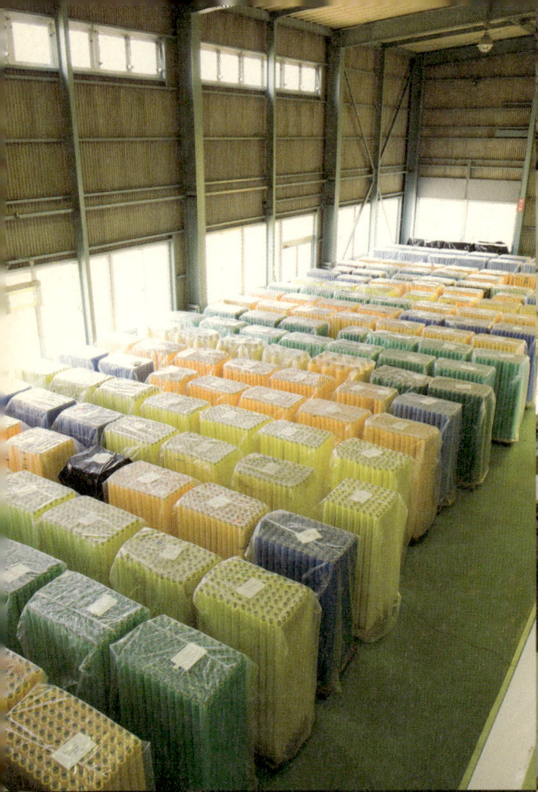

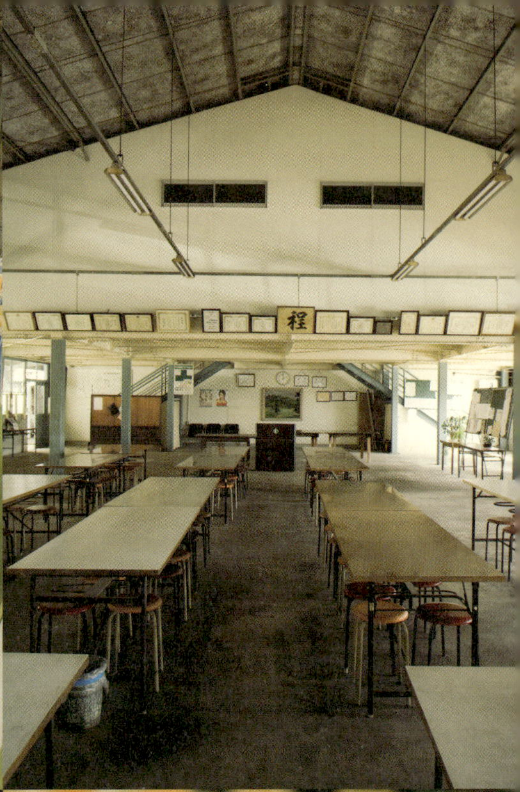
程

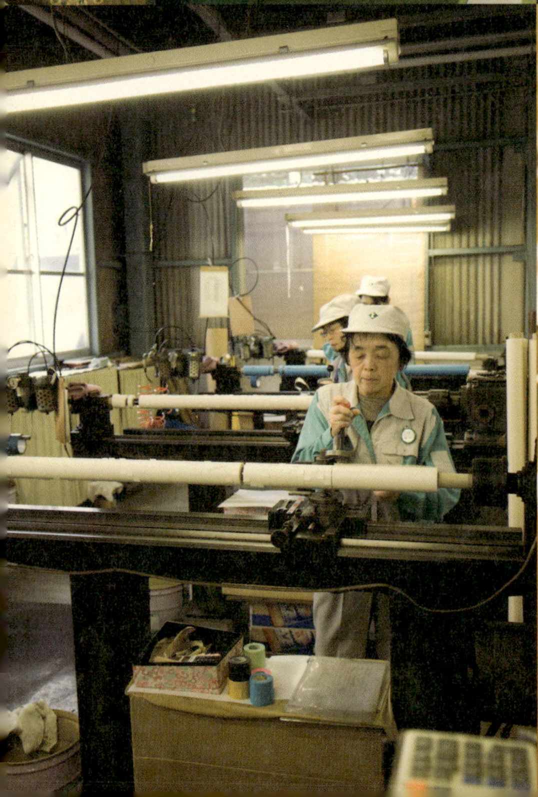

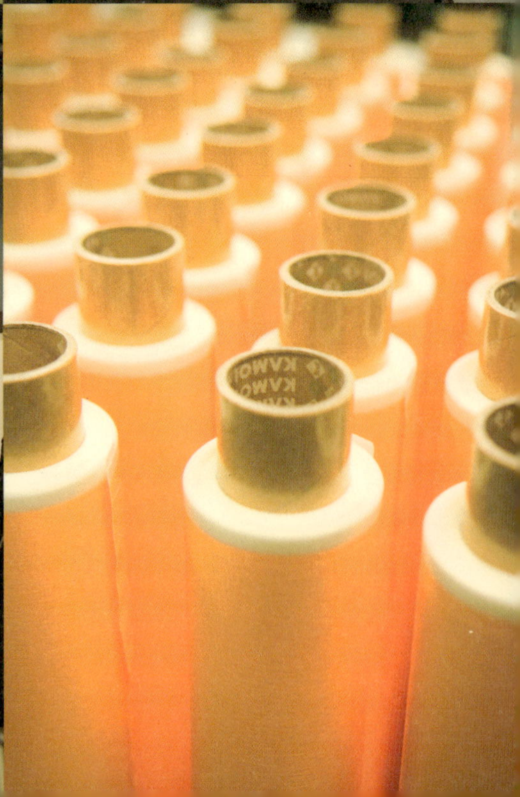

工場内でも
たくさん使っています

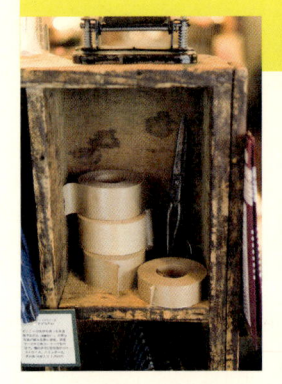

shop 02 : **CHARKHA** チャルカ(大阪・北堀江)

　東欧の蚤の市や問屋をまわって集めた文房具や手芸品、雑貨などがところ狭しと並ぶ店内。その一角にあるマスキングテープのコーナーには、〈カモ井加工紙〉のmtシリーズや〈ニチバン〉のきれいな色の業務用テープが積まれています。いっしょに置いてあるのは、使い方見本。封筒にはってメッセージを書き込んだり、ラッピングに使ったり、あきびんのラベルにしたり。紙もの雑貨が豊富なので、テープとともに使いたいレターセットやラッピング用品などもそろえられます。

　東欧のファブリックを使ったオリジナルのノートやアンティークの手芸品など、ほかでは見られない雑貨がそろう。左上は水でぬらして使うチェコの紙テープ。右上はマスキングテープの使い方の見本。店内に入るなりまっ先にテープ売り場へ向かう常連さんが多いそう。

大阪府大阪市西区北堀江1-21-11
tel.06-6537-0840
営11時30分〜19時
休火曜(祝日の場合は前日の月曜休み)
http://www.charkha.net

chapter 3

マスキングテープを
いかした作品

料理研究家、クラフト作家、画家、
イラストレーター、アーティストなど
9組の方々にマスキングテープを使った
作品をつくっていただきました。
素材の特徴を十二分にいかした作品には、
テープの可能性が詰まっています。

01: 堀井和子さん

ほりい・かずこ
中学時代から料理が好きで、料理スタイリストに。1984年より3年間アメリカで生活、帰国後に料理や暮らしのあれこれを紹介。著書に『パンに合う家のごはん』(文化出版局)ほか多数。

あき箱をフレームがわりに

あき箱の縁と底に鮮やかな黄緑のテープをはり、フレームに見立ててオブジェを制作。段ボール紙を鳥と数字「1」の形にくりぬき、針金とともに白いマスキングテープでぐるぐる。白い色の重なりが黄緑に映えてきれい。

mt 萌黄(カモ井加工紙) PROSELF 塗装用マスキングテープ No.720(ニトムズ)

白いテープの重なりを楽しむ

段ボール紙の土台に、黒い色紙を白いテープで縁どるようにはったフレーム。段ボール紙でつくった鳥をはり、数字「2」をつるした。アルファベットのはんこを押した包装紙や針金もテープを使って固定している。

PROSELF 塗装用マスキングテープ No.720
(ニトムズ)

立体感のある楽しいオブジェ

左と同じように、段ボール紙の鳥と数字「3」をつるしている。「マスキングテープは紙にも木にも針金にもはれるし、はがして直せるから便利です」。揺れたり、箱から飛び出したり、ユーモアあふれるオブジェ。

PROSELF 塗装用マスキングテープ No.720
(ニトムズ)

02: 井上陽子さん

いのうえ・ようこ
クラフト作家・イラストレーター。書籍や雑誌の装画や連載などで活躍している。〈倉敷意匠計画室〉からデザインを担当したマスキングテープが発売中（92ページ）。

日に焼けた紙やテープでコラージュ

左は無地のノート。右はお菓子の箱。日に焼けた紙や淡い色のテープを多用して、濃い青や紫色のテープをアクセントにコラージュし、元の地をおおっている。異なる素材や色が幾重にもなった、深みのある作品。

mt 薄藤・カスタード・ピーチ・ボトルグリーン・オリーブ・チョコレート・葡萄・薄縹・青竹・蕨・駱駝・銀鼠（カモ井加工紙）　オールドブックマスキングテープ　ブラウン・グレー・ブルー、コラージュマスキングテープ　ブラウン・グリーン、数字マスキングテープ　ブラウン（倉敷意匠計画室）　躯体シーリング用マスキングテープ　No.7286（日東電工）　建築用マスキングテープ No.25I（ニチバン）　243マスキングテープ（住友スリーエム）

余白を生かした封筒とカード

封筒とカードは同じデザインのコラージュにしなくても、同色のテープを一部使うだけで統一感が生まれる。「余白を残しながらテープをはり、線を描いたり、スタンプを押したりして仕上げました」と井上さん。

mt 薄藤・カスタード・アプリコット・オリーブ・チョコレート・葡萄・薄縹・青竹・蕨・駱駝（カモ井加工紙）　コラージュマスキングテープ ブルー・ブラウン・グリーン、オールドブックマスキングテープ ブラウン・グレー・ブルー（倉敷意匠計画室）　躯体シーリング用マスキングテープ No.7286（日東電工）　建築用マスキングテープ No.251（ニチバン）　243マスキングテープ（住友スリーエム）

03: 霜田あゆ美さん

しもだ・あゆみ
イラストレーター。色鉛筆や絵の具などで絵を描くほか、刺しゅうや切り紙、はり絵、紙版画など、さまざまな手法で作品を制作。書籍の装画や雑誌の挿し絵などで活躍中。

テープで波や鍵盤を表現

無地のポストカードに色とりどりのテープをはりつけ、ちょこんとイラストを描き加えている。ただ直線的にはったテープが、イラストと組み合わさることで、波のようにも、鍵盤のようにも見えてくる。

mtピーチ・ハッカ・空・萌黄・いずみ・ボトルグリーン・薄縹・葡萄・青竹・蕨・銀鼠、車両塗装用マスキングテープ カブキS、軽包装用和紙粘着テープ No.220赤（カモ井加工紙） マスキングテープ 水玉こげ茶（倉敷意匠計画室） スコッチ 建築塗装用マスキングテープ No.286（住友スリーエム）

想像が広がるテープの世界

なんともいえずユーモラスなおじさんのイラスト。そのまわりの風景は、ちぎってニュアンスを出したりと、山形にカットしたりと、すべてテープで表現されている。のどかでやさしい絵本を見ているような仕上がり。

mt ハッカ・空・萌黄・いずみ・カスタード・ボトルグリーン・オリーブ・チョコレート・薄縹・蕨・駱駝・銀鼠、車両塗装用マスキングテープ カブキS、軽包装用和紙粘着テープ No.220 橙・緑（カモ井加工紙） 343マスキングテープ（住友スリーエム）

04: サブレタープレスさん

さぶれたーぷれす
活版印刷によるカードや便せんを制作・販売している武井実子さんのブランド。東京の紙にまつわる店「パピエ・ラボ」、活版印刷の「オールライト工房」のメンバーでもある。

白いテープのお祝い袋に活版印刷で文字を

トレーシングペーパーに白いテープをはり重ね、お祝い袋やぽち袋の形にはり合わせた。右はリボン結びにした赤い刺しゅう糸をはさんでいる。「この文字は活版印刷ですが、はんこを押したり、油性ペンで書き込んだりしてもいいです」。
PROSELF 塗装用マスキングテープ No.720（ニトムズ）

ミシンでぬってケースに仕上げる

3色のテープをトレーシングペーパーにはり合わせ、袋状に折ってからミシンでぬったり、テープでとめたりして完成。左のペンケースは、斜めにはったテープの裏面がほんのりと透け、チェック模様に見えてきれい。右ふたつはカードケース。

mt 駱駝・銀鼠・カスタード・アプリコット・ボトルグリーン（カモ井加工紙） PROSELF 塗装用マスキングテープ No.720（ニトムズ）

mt 駱駝・薄縹・空・いずみ・銀鼠・チョコレート（カモ井加工紙）　PROSELF ガラスシーリング用マスキングテープ PT-6、PROSELF 塗装用マスキングテープ No.720（ニトムズ）　躯体シーリング用マスキングテープ No.7286（日東電工）

紙のようにテープを使う

左上のしおりと右下のはがきははんこを押した紙を間にはさみ、表も裏もテープを使ってはり合わせている。「押し花などをはさんでもかわいいです」。右上と左下の封筒は、トレーシングペーパーにテープをはって仕上げた。

05: 無相創 さん

ぶあいそう
ヨネハラ・マサカズさんが営む東京・西荻窪の古道具店。古道具はもちろん、古い素材に手を加えたオリジナルの照明や家具、雑貨などを制作している。

マッチ箱の引き出し

古いマッチ箱を積み重ねて小さな引き出しに。日に焼けた紙やマスキングテープをはって色みをプラスしている。「鉄粉をすりこませたりして加工しました」。どれがテープかわからないほど、板や箱の古さとよくなじんでいる。

mtチョコレート・オリーブ・銀鼠・蕨(カモ井加工紙)

壁つけの照明

ガラス製ロートをシェードにした照明を、古い板を加工したフレームにとりつけた。板には味の出た古い紙や戸外に放置して加工した紙、マスキングテープでコラージュしている。手や布でこすり、素材どうしをなじませた。

mt 銀鼠（カモ井加工紙）　PROSELF 塗装用マスキングテープ No.720（ニトムズ）

06: 小山千夏さん

こやま・ちなつ
アーティスト。アパレル会社やギャラリーに勤めたあと、フリーに。個展や雑誌などで手づくり雑貨を紹介している。著書に『小山千夏のノスタルジア』（主婦と生活社）ほか。

たまごの
オーナメント

たまごの上下2カ所に穴をあけ、中身をとり出して洗って乾かし、表面にマスキングテープをあしらった。殻の白さをいかしたり、全体にテープをはりつけたり。ひもを通して、復活祭に飾られるイースターエッグのように仕上げた。

mt 葡萄・臙脂・オリーブ・蕨・薄縹・牡丹・薄藤・青竹・桜・銀鼠（カモ井加工紙）

カラフルフラッグ

色とりどりのテープをひもをはさんではり合わせ、小さなフラッグのつらなりに。形を三角にカットしたものや細いテープをはり重ねて模様にしたものなど、にぎやかで楽しいイメージに。誕生日などのお祝いパーティーにぴったり。

mt 牡丹・ピーチ・ハッカ・空・アプリコット・薄藤・桜・萌黄・いずみ・カスタード・ボトルグリーン・オリーブ・チョコレート・臙脂・葡萄・薄縹・青竹・蕨・駱駝・銀鼠（カモ井加工紙）

縞々カード

まず、横か縦の縞模様にテープをはり、その上に交差するように、縦か横の縞模様にテープをはる。次に、上のテープだけを切る力かげんで、りんごや花の形をカッターで切り、上のテープだけをはがすとでき上がり。

mt桜・萌黄・いずみ・ボトルグリーン・オリーブ・臙脂・葡萄・蕨・駱駝・銀鼠・銀・方眼ブルー・ショッキングピンク（カモ井加工紙） 建築塗装用マスキングテープNo.720A（日東電工） 超粗面サイディングボード用シーリング・マスキングテープ No.2480S（住友スリーエム） 建築塗装用紙粘着テープNo.653、シーリング用紙粘着テープNo.655（積水化学工業）

07: m&m&m's さん

えむ・あんど・えむ・あんど・えむず
三津間智子さん、macareroさん、ミスミノリコさんの3組4人のディスプレイユニット。空間演出やスタイリングなどで活躍。著書に『世界のかわいい紙』(ピエブックス)。

おめかしビニール傘

ビニール傘の内側からマスキングテープをはってリメイク。和紙テープは色が透けるので、表から見てもきれい。傘をさす本人も、傘を目にする人も楽しめる。縞模様や点線模様にしたり、数字や文字の形にはって楽しむこともできる。

mt アプリコット・空(カモ井加工紙)

プッシュピンに色づけ

画びょうやプラスチック製のプッシュピンの頭にテープをはってツートーンにアレンジ。色とりどりの水玉模様のようで、楽しげな雰囲気に。コルクボードの縁や飾るものにもテープを使ってコラージュし、一体感を出している。

mt 萌黄・ハッカ・桜・ピーチ・いずみ・アプリコット・銀鼠・牡丹・薄藤(カモ井加工紙)

キャンバスを彩る

F0サイズの小さなキャンバスに、カットしたレースペーパーをテープではりつけた作品。キャンバスとレースペーパーの白い陰影や、テープにほんのり透けるレースペーパーの模様など、上品で美しい仕上りになっている。

mt 空・青竹・いずみ・桜・薄縹・蕨・萌黄・銀鼠(カモ井加工紙)

08：水縞さん

みずしま
プロダクトデザイナー・植木明日子さん、文具店「36sublo」店主・村上幸さんのふたりによる文具ブランド。オリジナルのクレープ紙製マスキングテープを製作・販売している。

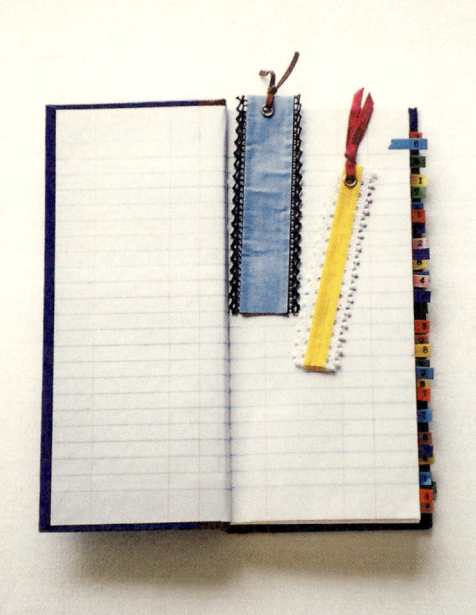

見出しラベルにも
しおりにも

厚みのある丈夫なクレープ紙製のテープを使用。しおりは間にレースをはさんではり合わせている。見出しラベルは細いタイプのテープにはんこを押してから、ノートの縁にぺたり。両面はり合わせると、より強度が増して安心。

水縞ペーパーテープ イエロー・レッド・オレンジ・グリーン・ピンク・ブルー・パープル(水縞)

手のひらサイズの
トートバッグ

帆布を2枚合わせて底の部分にテープをはり、あとはホチキスでとめただけの小さなトートバッグ。「はんこやクリップ、フセンなど小さいものの収納に便利です」。持ち手も帆布にテープをはったものを使っている。

水縞ペーパーテープ ネイビー・イエロー（水縞）

動物形にカットして
フラッグに

テープをはり合わせて、リスや鳥などの形にカット。つまようじの頭部分にはりつけて、フラッグにしている。ケーキやお子様ランチにさせば、食卓を楽しくしてくれる。テープの間に金色のレースペーパーをはさむと、きらびやかな雰囲気に。

水縞ペーパーテープ ピンク・パープル・グリーン・ブルー・オレンジ(水縞)

厚みがあるからできる
刃物のキャップ

左はピンセット、右は糸切りばさみのキャップを制作。テープをはり合わせ、サイズに合わせて袋状にしたもの。「厚みがあるので、刃先をしっかりカバーしてくれます」。チェック柄の布をあしらい、アクセントにしている。

水縞ペーパーテープ レッド・パープル(水縞)

09: nakaban さん

なかばん
画家。書籍や児童書の装画や雑誌の挿絵、絵本などを手がける一方で、書店のビジュアルデザインやアニメーション映像、音楽など幅広く活動している。

ぐるぐる巻いてランプシェードに

針金のフレームに、テープをぐるぐるとはりつけて仕立てたランプシェード。フレームはソケットにかかるようになっている。明かりをつけたときにテープの色が透けるよう、薄い色のテープを中心に、淡くやさしい印象に仕上げている。

mt ハッカ・空・アプリコット・薄藤・萌黄・カスタード・ボトルグリーン・チョコレート・葡萄・青竹・駱駝・方眼グレー・方眼ブルー（カモ井加工紙）　躯体シーリング用マスキングテープ No.7286、スーパーシーリングマスキングテープ No.727（日東電工）

あきびんをオブジェに変える

シンプルなあきびんにテープをはった作品。テープを縦に細くちぎることで、重なり部分が増している。左は青系だけ、右はピンクや紫をまぜた。置く場所や中に入れる液体によって、色の重なりがさまざまに変わる楽しいオブジェ。

mt 薄縹・空・いずみ・銀鼠・チョコレート・ハッカ・薄藤・葡萄・臙脂、シーリングテープ No.3303、躯体用シーリングテープ No.3303-HG（カモ井加工紙）　PROSELF ガラスシーリング用マスキングテープ PT-6、PROSELF 塗装用マスキングテープ No.720（ニトムズ）　躯体シーリング用マスキングテープ No.7286、スーパーシーリングマスキングテープ No.727（日東電工）　243 マスキングテープ（住友スリーエム）

光に透ける美しい色の重なり

写真をはさんで飾るアクリル板フレームに、何枚ものテープをはって仕上げた。山形や波形に切って動きを出している。窓辺に置くと、色や形の重なりが浮かび上がって美しい。これぞ、マスキングテープの醍醐(だいご)味。

mt 牡丹・ピーチ・ハッカ・空・アプリコット・薄藤・桜・萌黄・いずみ・カスタード・ボトルグリーン・オリーブ・チョコレート・薄縹・葡萄・青竹・蕨・駱駝・銀鼠・車両塗装用マスキングテープ カブキS（カモ井加工紙） 243マスキングテープ（住友スリーエム） スーパーシーリングマスキングテープ No.727、躯体シーリング用マスキングテープ No.7286（日東電工） PROSELF ガラスシーリング用マスキングテープ PT-6（ニトムズ）

おすすめマスキングテープ・カタログ

日本の10社で販売中の最新テープをできるかぎり集め、主力商品を中心に
コラージュ作家・オギハラナミさんがきれいな色のテープを厳選しました。　　☆テープは実物大です。

白〜茶

リンレイテープ
包装用和紙粘着テープ 140 白
（ゴム系）

積水化学工業
包装用紙粘着テープ No.652
（ゴム系）

日東電工
建築塗装用紙粘着テープ No.720
（ゴム系）

寺岡製作所
和紙粘着テープ No.200 白
（ゴム系）

リンレイテープ
包装用和紙粘着テープ 110 茶
（ゴム系）

カモ井加工紙
軽包装用和紙粘着テープ No.220B
（ゴム系）

ニチバン
車両用マスキングテープ No.241
（ゴム系）

※文房具店や量販店やホームセンター、雑貨店、塗装品店、ネットショップなどで購入できるもの以外に、プロ仕様のため現時点で入手困難なものも一部含まれています。　※商品名下の（アクリル系）（ゴム系）はテープの粘着剤の種類。アクリル系のほうがゴム系よりも新しい粘着剤で、よりはがしやすく、のり残りしにくいものです。

黄

カモ井加工紙
シリコンテープ No. SR-100
(シリコン系)

カモ井加工紙
車両用マスキングテープ カブキS
(アクリル系)

カモ井加工紙
車両塗装用マスキングテープ No. 1101NP
(ゴム系)

住友スリーエム
243 マスキングテープ
(アクリル系)

ニチバン
車両用マスキングテープ No. 2311
(アクリル系)

日東電工
車両塗装用マスキングテープ No. 7239
(アクリル系)

カモ井加工紙
軽包装用和紙粘着テープ No. 220 黄
(ゴム系)

リンレイテープ
包装用和紙粘着テープ 140 黄
(ゴム系)

緑

カモ井加工紙
一般塗装用マスキングテープ
No. 120-G
(ゴム系)

ニトムズ
PROSELF 塗装用マスキングテープ
No. 720 みどり
(ゴム系)

ニチバン
車両用マスキングテープ No. 2312
(アクリル系)

住友スリーエム
343 マスキングテープ
(アクリル系)

カモ井加工紙
壁紙・石膏ボード用
マスキングテープ mint
(アクリル系)

住友スリーエム
スコッチ 超粗面サイディング
ボード用シーリング・
マスキングテープ No. 2480S
(アクリル系)

カモ井加工紙
粗面サイディングボード用
シーリングテープ No. SB-246S
(アクリル系)

カモ井加工紙
軽包装用和紙粘着テープ No. 220 緑
(ゴム系)

青

ニチバン
シーリング用マスキングテープ No. 252
(ゴム系)

住友スリーエム
525 マスキングテープ
(アクリル系)

日東電工
躯体シーリング用
マスキングテープ No. 7286
(ゴム系)

積水化学工業
シーリング用紙粘着テープ No. 655
(ゴム系)

住友スリーエム
スコッチ ガラス・サッシ用
シーリング・マスキングテープ 2479H
(アクリル系)

ニトムズ
PROSELF ガラスシーリング用
マスキングテープ PT-6
(アクリル系)

ニチバン
ガラス用シーリング
マスキングテープ No. 2541
(アクリル系)

カモ井加工紙
躯体用シーリングテープ No. 3303-HG
(ゴム系)

そのほか

カモ井加工紙
軽包装用和紙粘着テープ No.220 橙
(ゴム系)

カモ井加工紙
軽包装用和紙粘着テープ No.220 赤
(ゴム系)

カモ井加工紙
軽包装用和紙粘着テープ
No.220 ピンク
(ゴム系)

日東電工
スーパーシーリング
マスキングテープ No.727
(アクリル系)

日東電工
建築塗装用マスキングテープ
No.720A
(アクリル系)

ニチバン
粗面用シーリング
マスキングテープ No.2570
(アクリル系)

カモ井加工紙
軽包装用和紙粘着テープ No.220 紺
(ゴム系)

カモ井加工紙
軽包装用和紙粘着テープ No.220 黒
(ゴム系)

mt シリーズ (アクリル系)　カモ井加工紙

明るい色 10 色

	牡丹(ぼたん)
	薄藤(うすふじ)
	アプリコット
	ピーチ
	桜(さくら)
	カスタード
	いずみ
	萌黄(もえぎ)
	ハッカ
	空(そら)

渋い色 10 色

	葡萄(ぶどう)
	臙脂(えんじ)
	チョコレート
	オリーブ
	ボトルグリーン
	銀鼠(ぎんねず)
	駱駝(らくだ)
	蕨(わらび)
	青竹(あおたけ)
	薄縹(うすはなだ)

金　　　　　　銀
チャコールグレー　　ショッキングピンク
灰桜　　　　　　鈍色(にびいろ)

柄　倉敷意匠計画室

マスキングテープ 水玉・鉄紺
(アクリル系)
(全3色、こげ茶・草色)

マスキングテープ ギンガム・プラム
(アクリル系)
(全3色、ターコイズ・草色)

オールドブック マスキングテープ グレー
(アクリル系)
(全3色、ブルー・ブラウン)

コラージュ マスキングテープ ブルー
(アクリル系)
(全3色、グリーン・ブラウン)

マスキングテープ ストライプ・グリーン
(アクリル系)
(全3色、ピンク・ブラウン)

マスキングテープ 水玉ライト色・
ピーチ (アクリル系)
(全3色、グリーン・ブルー)

厚口マスキングテープ (18mm)
藍色方眼(アクリル系)

厚口マスキングテープ (12mm)
緑色方眼(アクリル系)
(全2色、栗色方眼)

mtシリーズ（アクリル系）　カモ井加工紙

方眼・グレー
（全2色、ブルー）

3mmストライプ・さくら鼠（ねず）
（全3色、胡桃色・水色）

1.5mmストライプ・ぶどう鼠（ねず）
（全3色、金・翠（みどり））

4mm／1mmストライプ・退紅（たいこう）
（全2色、灰紫（はいむらさき））

4mmストライプ・黄
（全3色、銀・桃）

クレープ紙　水縞 ペーパーテープ

ブルー　　グリーン　　ピンク　　パープル

オレンジ　ネイビー　レッド　イエロー

shop 03： 主な取り扱いショップ

○スコス　ステーショナリーズ・カフェ
http://www.scos.gr.jp/open.htm
東京都文京区本郷 5-1-5-1 F
tel.03-3814-7961
東京都中央区銀座 3-2-1 プランタン銀座本館
6 F　tel.03-3567-0077（代）

○巣巣
http://www.susu.co.jp/
東京都世田谷区等々力 8-11-3
tel.03-5760-7020

○ハイジ
http://heidi-home.com/
東京都目黒区上目黒 1-2-9 ハイネス中目黒
109　tel.03-5722-3282

○紙の温度
http://www.kaminoondo.co.jp/
愛知県名古屋市熱田区神宮 2-11-26
tel.052-671-2110

○YEBISU ART LABO
http://www.artlabo.net/
愛知県名古屋市中区錦 2-5-29 えびすビル
PART1-4F　tel.052-203-8024

○恵文社一乗寺店
http://www.keibunsha-books.com/
京都府京都市左京区一乗寺払殿町 10
tel.075-711-5919

○cafe papier
http://www.cafepapier.com/
兵庫県神戸市中央区栄町通り 3-2-4
和栄ビル 2 F　tel.078-333-4344

○三宅商店
http://www.miyakeshouten.com/
岡山県倉敷市本町 3-11
tel.086-426-4600

○life style
http://www.freestyle13.jp/
広島県尾道市西御所町 3-34
tel.0848-24-9669

また、下記のチェーン店などでも
扱っています。

東急ハンズ
http://www.tokyu-hands.co.jp/
LOFT
http://www.loft.co.jp/
ジョイフル本田
http://www.joyfulhonda.com/
パッケージプラザ
http://www.packageplaza.net/

そのほか、丸善、有隣堂書店、青山ブック
センターをはじめ、書店の文具売り場でも
取り扱い中です。

※ショップによって、取り扱うテープの種類が
かなり異なります。購入の際は、必ず事前に確
認をしてください。

恵文社一乗寺店　　ジョイフル本田
　　　　　　　　　千葉ニュータウン店

メーカーリスト

＜カモ井加工紙＞　http://www.kamoi-net.co.jp/
岡山県倉敷市片島町236　tel.086-465-5812

＜倉敷意匠計画室＞　http://www.classiky.co.jp/
岡山県倉敷市上東1125-3　tel.086-463-3110

＜住友スリーエム＞　http://www.mmm.co.jp/
東京都世田谷区玉川台2-33-1　tel.0570-011-511（カスタマーコールセンター）

＜積水化学工業＞　http://www.tutuminet.com
東京都港区虎ノ門2-3-17虎ノ門２丁目タワー　tel.03-5521-0505（お客様相談室）

＜寺岡製作所＞　http://www.teraokatape.co.jp
東京都品川区大崎1-6-4新大崎勧業ビル13 F　tel.03-3779-9211

＜ニチバン＞　http://www.nichiban.co.jp/
東京都文京区関口2-3-3　tel.0120-377218（お客様相談室）

＜ニトムズ＞　http://www.nitoms.com/
東京都中央区銀座7-16-7花蝶ビル　tel.03-3544-0615（お客様相談室）

＜日東電工＞　http://www.nitto.co.jp
大阪府大阪市北区梅田2-5-25ハービスOSAKA20～22F
tel.0120-112387（カスタマーサポートセンター）

＜水縞（アパートメント）＞　http://www.apartment.gr.jp/mizushima/
東京都武蔵野市吉祥寺本町1-36-12-103　tel.0422-22-7154

＜リンレイテープ＞　http://www.rinrei-tape.co.jp
東京都中央区日本橋人形町2-25-13　tel.03-3663-0071

デザイン／葉田いづみ
制作／オギハラナミ（カバー表紙、chapter1）
スタイリング／田中美和子（chapter1）
撮影／千葉 充（主婦の友社写真室）
製版設計／小山秀利（凸版印刷）
取材・文／晴山香織
編集／東明高史（主婦の友社）

協力／辻本 歩、いのまたせいこ、オギハラナミ、
カモ井加工紙、倉敷意匠計画室、住友スリーエム、積水化学工業、寺岡製作所、
ニチバン、日東電工、ニトムズ、水縞、リンレイテープ、
粘着テープ工業会、徳竹塗装、松浦シーリング

☆マスキングテープの使用例、創作の写真を募集します。
下記URLのフォームにて、お送りください。
http://www.shufunotomo.co.jp/acx/mtb/
郵送のかたは、〒101-8911 東京都千代田区神田駿河台2-9
㈱主婦の友社　第1事業部出版部『マスキングテープの本』係まで。
毎月抽選で5名のかたにマスキングテープ10本セットを差し上げます。

マスキングテープの本(ほん)

2008年9月30日　第1刷発行

編　者　主婦の友社
発行者　神田高志
発行所　株式会社主婦の友社
　　　　〒101-8911 東京都千代田区神田駿河台2-9
　　　　電話（編集）03-5280-7537　（販売）03-5280-7551
印刷所　凸版印刷株式会社

Ⓒ SHUFUNOTOMO CO., LTD. 2008 Printed in Japan　ISBN978-4-07-262088-5
Ⓡ本書を無断で複写複製（コピー）することは、著作権法上での例外を除き、禁じられています。本書からコピーをされる場合は、事前に日本複写権センター（JRRC）の許諾を受けてください。
JRRC＜http://www.jrrc.or.jp　eメール：info@jrrc.or.jp　電話：03-3401-2382＞

・乱丁本、落丁本はおとりかえします。お買い求めの書店か、資材刊行課（Tel 03-5280-7590）にご連絡ください。
・記事内容に関するお問い合わせは、出版部（Tel 03-5280-7537）まで。
・主婦の友社発行の書籍・ムックのご注文、雑誌の定期購読のお申し込みは、お近くの書店か主婦の友社コールセンター（Tel 049-259-1236）まで。
・主婦の友社ホームページ　http://www.shufunotomo.co.jp/